BEI GRIN MACHT SICH IHR WISSEN BEZAHLT

- Wir veröffentlichen Ihre Hausarbeit,
  Bachelor- und Masterarbeit

- Ihr eigenes eBook und Buch -
  weltweit in allen wichtigen Shops

- Verdienen Sie an jedem Verkauf

Jetzt bei www.GRIN.com hochladen
und kostenlos publizieren

Ernst Probst

Harpagornis

Der größte Greifvogel der Neuzeit

GRIN Verlag

Bibliografische Information der Deutschen Nationalbibliothek:

Die Deutsche Bibliothek verzeichnet diese Publikation in der Deutschen National-
bibliografie; detaillierte bibliografische Daten sind im Internet über http://dnb.d-
nb.de/ abrufbar.

Impressum:

Copyright © 2014 GRIN Verlag GmbH
Druck und Bindung: Books on Demand GmbH, Norderstedt Germany
ISBN: 978-3-656-75534-0

Ernst Probst

Harpagornis

Der größte Greifvogel der Neuzeit

*Allen Ornithologen und Paläornithologen
gewidmet*

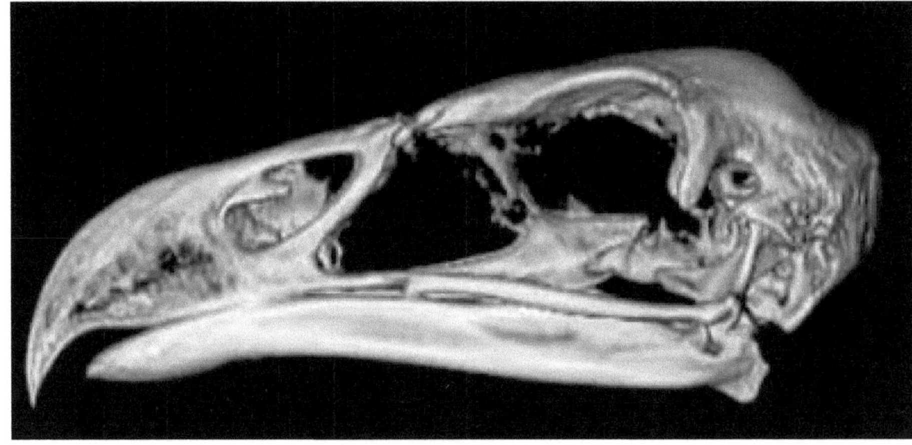

Aufnahme des Schädels des Haast-Adlers (Harpagornis moorei)
durch den Medizinprofessor Ken Ashwell
an der „University of New South Wales" in Sydney

Vorwort

Gefiederter Moa-Jäger

Ein ausgestorbener Adler mit einer Flügelspannweite bis zu 3 Metern und einem Lebendgewicht von schätzungsweise maximal 18 Kilogramm steht im Mittelpunkt des Taschenbuches „Harpagornis – Der größte Greifvogel der Neuzeit". Jener imposante Vogel lebte vom Eiszeitalter bis vermutlich zum 15. Jahrhundert auf Neuseeland. Er jagte vor allem kleine Arten der Moa wie den unbeholfenen, bis zu 1,80 Meter hohen *Emeus crassus*. Schwere Verletzungsspuren an Becken bis zu 3,60 Meter großer Weibchen des Riesen-Moa *Dinornis* verraten, dass der Haast-Adler sogar diese riesigen Laufvögel angriff. Nach neueren Erkenntnissen war der Haast-Adler fähig, auch ein kleines Menschenkind zu töten. Die erste wissenschaftliche Beschreibung des Haast-Adlers *(Harpagornis moorei)* erfolgte 1872 durch den aus Deutschland stammenden und nach Neuseeland ausgewanderten Geologen und Naturforscher Julius von Haast (1824–1887). Verfasser des Taschenbuches „Harpagornis – Der größte Vogel der Neuzeit" ist der Wiesbadener Wissenschaftsautor Ernst Probst, der zahlreiche Werke über urzeitliche Tiere geschrieben hat.

Geologe und Naturforscher
Julius von Haast (1824–1887)

Der größte Greifvogel der Neuzeit

Harpagornis

Der einst auf Neuseeland lebende Haast-Adler *(Harpagornis moorei)* gilt mit einer Flügelspannweite bis zu 3 Metern und einem Lebendgewicht von schätzungsweise maximal 18 Kilogramm als der größte Greifvogel der Neuzeit (um 1450 bis heute). Erstmals wissenschaftlich beschrieben wurde dieser inzwischen ausgestorbene Adler 1872 von dem aus Deutschland stammenden und nach Neuseeland ausgewanderten Geologen und Naturforscher Julius von Haast (1824–1887). Mit dem Artnamen *moorei* ehrte er George Henry Moore (1812–1905), den Eigentümer des Glenmark-Sumpfes, in dem 1871 Knochen dieses Vogels entdeckt worden waren. Einst sollen auf Neuseeland etwa 4.000 Brutpaare des Haast-Adlers gelebt haben.

Die Maori bezeichneten jenen Greifvogel als „Te Pouakai" oder „Te Hokioi". Letzterer Name war wohl eine lautliche Entsprechung seines Schreis „Hokioi-Hokioi" und wurde bevorzugt. Auf einer alten Felszeichnung der Maori sind ein Mensch und zwei sehr große tote Vögel zu sehen. Einer dieser Vögel stellt vermutlich einen Albatross dar, der andere vielleicht einen Haast-Adler.

Eine Legende der Maori beschreibt einen Wettbewerb zwischen einem Habicht und einem Adler. Der Habicht prahlte, er könne den Himmel erreichen. Darauf antwortete der Adler, er könne dies auch. Außerdem fragte der Adler, was das Kennzeichen des Habichts sei. Der Habicht gab die Antwort, sein Ruf sei „kei". Als der Habicht den Adler fragte, was dieser rufen würde, bekam er die Antwort „Hokioi-hokioi-hu-u". Dann schwangen sich beide Vögel in die Lüfte und flogen zum Himmel. Als der Habicht die Wolken und Winde erreichte, schrie er „kei" und kehrte wieder um, weil er nicht mehr weiter fliegen konnte. Der Adler

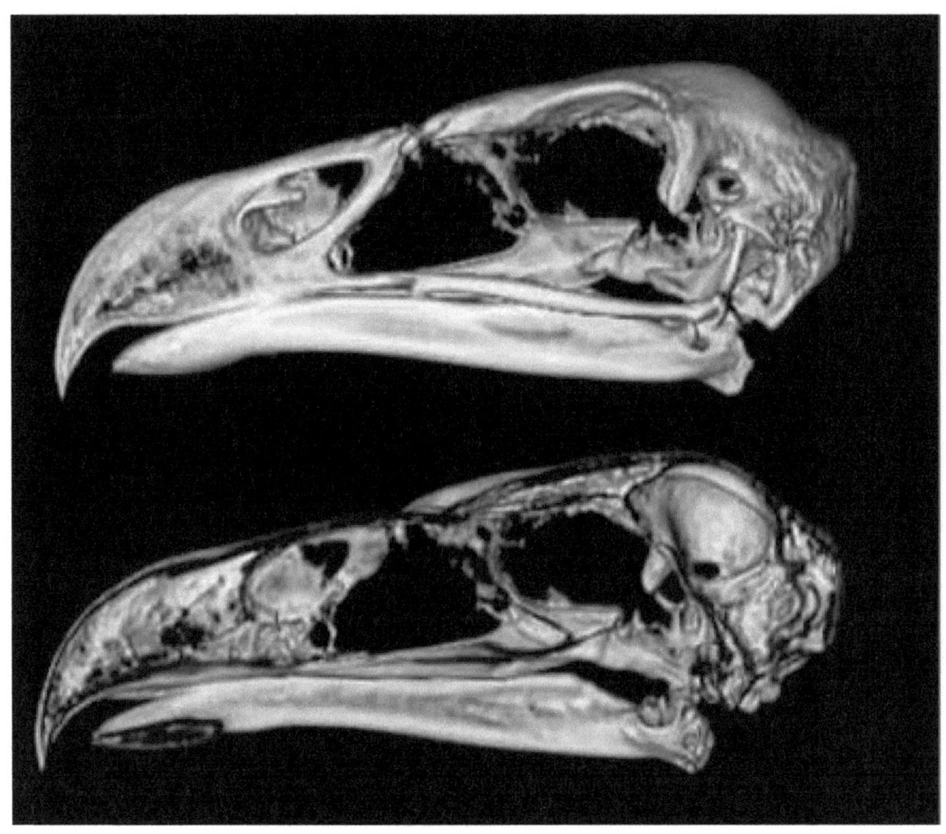

Aufnahme des Schädels des Haast-Adlers (Harpagornis moorei)
durch den Medizinprofessor Ken Ashwell
an der „ University of New South Wales" in Sydney

dagegen verschwand im Himmel. Seit diesem Wettstreit der beiden Greifvögel wird der Adler in der Mythologie der Maori wie sein Ruf als „Te Hokoioi" bezeichnet.

Lange Zeit war in der Wissenschaft die Ernährungsweise des Haast-Adlers umstritten. Einerseits betrachtete man ihn als furchterregenden Räuber, der sich flink auf Beutetiere stürzte. Andererseits hielt man ihn eher für einen Aasfresser, der sich an Kadern verendeter Tiere gütlich tat. Für einen Aasfresser sprach der Schädelbau des Haast-Adlers, der jenem heutiger Geier ähnelt. Über seinen Nasenlöchern hatten sich schutzklappenähnliche Anhänge entwickelt, die verhinderten, dass Fleisch und Blut die Atemwege verstopften, wenn der Adler an einem Kadaver fraß.

In Erzählungen der Maori wurde der Haast-Adler verdächtigt, Männer, Frauen und Kinder angegriffen, in seinen Horst getragen und gefressen zu haben. Wenn der große Adler bei der Jagd vom Himmel auf seine Beute herab schoss, pfiffen seine riesigen Flügel „hu-u". Dieses Geräusch soll neuseeländische Ureinwohner in Angst und Schrecken versetzt haben.

Der Ornithologe und Paläontologe Paul Scofield vom „Canterbury Museum" in Christchurch (Neuseeland) sowie der Mediziner Ken Ashwell von der „University of New South Wales" in Sydney fanden bei der Untersuchung von Haast-Adler-Knochen mit einem Computertomographen heraus, dass diese alten Geschichten zutreffen könnten. Mit den gewonnenen Daten rekonstruierten die Forscher virtuell Gehirngröße, Augen, Ohren und Wirbelsäule. Dann verglichen sie die gewonnenen Ergebnisse mit Daten heutiger Raubvögel und Aasfresser, um Rückschlüsse auf die Jagdgewohnheiten der Haast-Adler zu ziehen.

Die 2009 im „Journal of Vertebrate Paleontology" veröffentlichte Studie bestätigte die Maori-Legende vom großen Vogel Pouakai oder Hokioi, der sich in den Bergen auf Menschen stürze. Haast-Adler seien tatsächlich fähig gewesen, ein kleines menschliches Kind zu töten. Über heutige bis zu neun Kilogramm schwere Adler heißt es, sie könnten keine Beute im Flug transportieren, die schwerer als sie selbst sei. Ein

*Haast-Adler (Harpagornis moorei) beim Angriff auf einen Moa.
Lebensbild von John Megahan aus „PLoS Biology"*

Haast-Adler hätte demnach im Flug bis zu 18 Kilogramm tragen könnten. Der neuseeländische Paläoökologe Richard Holdaway hält es für denkbar, dass Haast-Adler dazu übergegangen seien, Menschen anzugreifen, nachdem seine Hauptbeute, der Moa, verschwunden sei.

Nach Ansicht von Scofield und Ashwell war der Haast-Adler ein kräftiger Räuber. Seine Hüftknochen sind so beschaffen gewesen, dass sie es aushielten, wenn sich dieser Adler mit einer Geschwindigkeit von etwa 80 Stundenkilometern auf seine Beute stürzte. Seine Krallen standen denjenigen eines heutigen Tigers nicht nach. Mit seinen Fängen tötete er ein angegriffenes Tier mit einem Schlag. Seine Fänge konnte er schließen, damit durch harte Knochen stoßen, sein Opfer in die Höhe zerren und fliegend zu seinem Horst transportieren.

Sicherlich jagten Haast-Adler vor allem verschiedene Moa. Sogar an Becken riesiger bis zu 3,60 Meter hoher Weibchen der *Dinornis*-Arten verrieten schwere Verletzungsspuren, dass Haast-Adler sie von hinten attackiert hatten. Die Beckenknochen waren von den Adlerkrallen regelrecht durchstochen worden. Außerdem stellte der Haast-Adler anderen großen flugunfähigen Vögeln wie der bis zu 18 Kilogramm schweren Südinsel-Gans *(Cnemiornis calcitrans)* und der etwas leichteren Nordinsel-Gans *(Cnemiornis gracilis)* nach.

Auf dem Grund einer 2,50 Meter breiten, mehr als 15 Meter tiefen und fast senkrechten Felsspalte im Gebiet des Berges Castle Rock auf der Südinsel von Neuseeland lagen zahlreiche fossile Knochen verschiedener Vogelarten. Dabei handelte es sich vielleicht um Reste der Beutetiere eines Haast-Adlers. Diese Knochen wurden von dem Naturforscher Augustus H. Hamilton (1854–1913) entdeckt. Er vermutete, ein Haast-Adler habe oberhalb der Felsspalte einen Nistplatz gehabt. Möglicher-weise sei der Adler nach seinem Absterben selbst in die Spalte gefallen oder er habe einen hineingestürzten Moa erbeuten wollen und dabei aus der engen Spalte nicht mehr entkommen können. Möglicherweise ist der Haast-Adler von den Maori zielgerichtet ausgerottet worden. Beschleunigt wurde sein Aussterben vermutlich

*Rekonstruktion eines Angriffes des Haast-Adlers (rechts)
auf einen Moa im Nationalmuseum („Museum New Zealand
Te Papa Tongarewa") in Wellington (Neuseeland)*

Foto auf Seite 13:

*Vergleich der Kralle des Haast-Adlers (links) mit derjenigen
des Kaninchenadlers (rechts), Foto aus„PLoS Biology"*

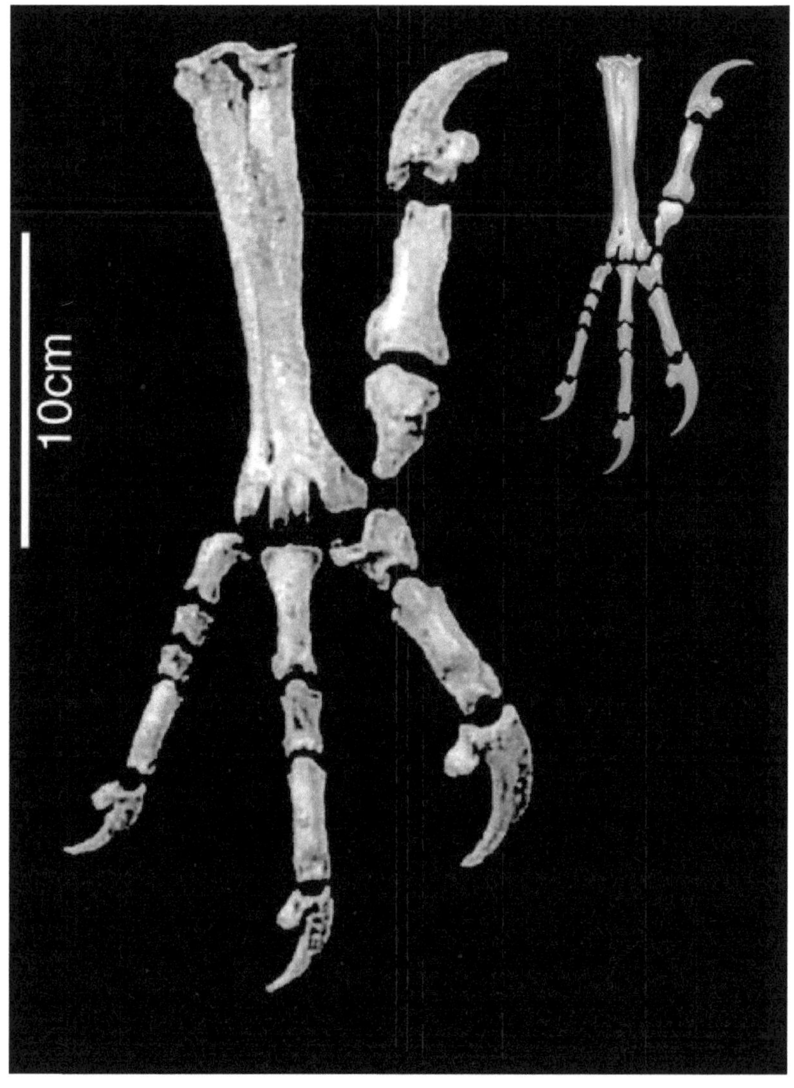
10cm

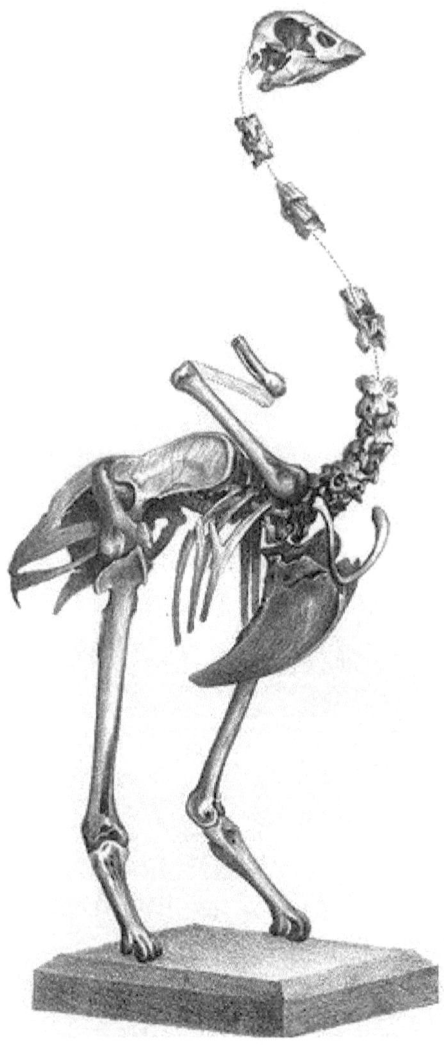

*Skelett der Südinsel-Gans (Cnemiornis calcitrans),
Zeichnung von 1872*

durch das schnelle Verschwinden seiner Hauptbeutetiere, der Moa und anderer imposanter flugunfähiger Vögel. Bisher liegen etliche fossile Reste, darunter drei vollständig erhaltene Skelette, und von Eingeborenen bearbeitete Knochen des Haast-Adlers vor.

Experten vermuten, der Haast-Adler sei zusammen mit den Moa-Arten im 15. Jahrhundert nach Christus ausgestorben. Allerdings gab es bis zum 19. Jahrhundert immer wieder Berichte über angebliche Sichtungen großer Adler. Um 1905 soll sogar ein Nest eines Haast-Adlers gesehen worden sein, was jedoch als sehr unwahrscheinlich gilt.

Offenbar füllte der Haast-Adler eine besondere Lücke in der von Vögeln beherrschten Tierwelt auf Neuseeland. Dort gab es außer einer bis zu 60 Zentimeter langen Riesengecko-Art keine Bodenraubtiere. Bei diesem Reptil handelte es sich um den Kawekaweau-Gecko (*Hoplodactylus delcourti*). Der Artname *delcourti* erinnert an den französischen Museumsmitarbeiter Alain Delcourt, der das in Vergessenheit geratene Tier in einem Museum in Marseille wiederentdeckte.

Bei der Jagd suchten Haast-Adler einen erhöhten Platz – beispielsweise einen Baum – auf, warteten auf vorbeikommende Beutetiere und stürzten sich dann mit hoher Geschwindigkeit auf sie. Vielleicht erbeuteten sie vor allem kleine Moa-Arten wie den unbeholfenen, bis zu 1,80 Meter hohen „Kleinen Moa" *(Emeus crassus)*, der halb so groß wie die bis zu 3,60 Meter hohen Weibchen von *Dinornis* war. Die Moa mit ihrem kleinen Kopf, langen Hals und ihrer mächtigen Körpermasse waren wegen ihrer Langsamkeit bei Angriffen aus der Luft sehr leicht verwundbar. Vor allem ihre Küken dürften eine leichte Beute geworden sein.

Die Haast-Adler durchbohrten mit ihren besonders langen und kräftigen Krallen an den Füßen ihre Beutetiere. Teilweise durchschlugen ihre Krallen sogar große Knochen. Kerben und Löcher an Moa-Knochen verrieten, wie die Haast-Adler ihre Krallen einsetzten. Sie stürzten sich auf den Rücken der Moa, hieben die Krallen eines Fußes in das Gesäß des Beutetieres und die Krallen des anderen Fußes in den Hals. Dann brachen sie ihrem Opfer mit ihrer enormen Kraft das Genick.

*Skelett des „Kleinen Moa" (Emeus crassus)
im „Zoologisc Museum", Kopenhagen*

Skelett des Riesen-Moa (Dinornis)
in „A History of the Birds of New Zealand" (1888)

Darstellung des Riesen-Moa (Dinornis)
in „A History of the Birds of New Zealand" (1888)
von Walter Lawry Buller (1836–1906)

Größenvergleich Dinornis-Bein und Mensch
in „A History of the Birds of New Zealand" (1888)
von Walter Lawry Buller (1836–1906)

Kopf eines australischen Keilschwanzadlers
(Aquila audax),
Zeichnung von Louisa Anne Meredith (1812–1895)

Haast-Adler hatten ähnlich große Krallen wie Tiger, sagt der Paläontologe Alan Tennyson vom „Nationalmuseum Te Papa" in der neuseeländischen Hauptstadt Wellington. Zehenknochen und die vorne herausragenden scharfen Krallen erreichten zusammen eine Länge bis zu 9 Zentimetern und stellten eine furchtbare Waffe dar.

Der Zweig der Haast-Adler entwickelte sich irgendwann im Eiszeitalter vor etwa 1,8 Millionen bis 700.000 Jahren. Innerhalb weniger hunderttausend Jahre ging der Haast-Adler aus einem merklich kleineren Vorfahren hervor. Laut Online-Lexikon „Wikipedia" stellt die Zunahme des Eigengewichtes um den Faktor 10 bis 15 in dieser Zeitspanne eine der schnellsten evolutionären Großenzunahmen dar, die bisher bei Wirbeltieren beobachtet wurden. Vermutlich wurde diese durch die Anwesenheit großer Beutetiere und die Abwesenheit anderer großer Jäger begünstigt.

DNA-Analysen ergaben, dass der Haast-Adler genetisch mit dem eurasischen Zwergadler *(Hieraaetus pennatus)* und dem nur ein Kilogramm schweren Kaninchenadler *(Hieraaetus morphnoides)* eng verwandt ist. Vorher hatte man gedacht, er sei mit dem australischen Keilschwanzadler *(Aquila audax)* verwandt. Letzterer erreicht eine Flügelspannweite bis zu 2,30 Metern.

Von den heutigen Adlern erreicht der sich von Fischen und Wasservögeln ernährende Riesen-Seeadler *(Haliaeetus pelagicus)* im pazifiknahen Russland am ehesten die Flügelspannweite des ausgestorbenen Haast-Adlers. Der Riesen-Seeadler bringt es auf eine Flügelspannweite bis zu 2,90 Metern, eine Länge von maximal 1,05 Metern und ein Gewicht bis zu 9 Kilogramm. Weibliche heutige Steinadler *Aquila chrysaetos* aus Europa haben eine Flügelspannweite bis zu 2,30 Metern und ein Höchstgewicht von 6,7 Kilogramm. Männliche Steinadler sind etwas kleiner und leichter. Zu den größten Beutetieren der Steinadler gehören Kitze des Steinbocks und junge Gämsen (früher Gemsen genannt).

Johann Franz Julius Haast kam am 1. Mai 1822 als Sohn des wohlhabenden Kaufmanns Matthias Haast und seiner Ehefrau Anna

Riesen-Seeadler (Haliaeetus pelagicus)
aus der Gegenwart im „Vogelpark Walsrode"

Steinadler (Aquila chrysaetos)
in „Naturgeschichte der Vögel Mitteleuropas" (1897–1905)

Professor für Bergbaukunde,
Ernst Heinrich Carl von Dechen (1800–1889)

Eva Theodora Ruth in Bonn am Rhein zur Welt. Dort wuchs er mit acht weiteren Geschwistern auf und wurde katholisch erzogen. Bis 1838 besuchte er in Bonn die Schule und danach eine weiterführende Bildungseinrichtung in Köln. Sein Abschluss im Gymnasium galt als mittelmäßig. Bereits als Schüler soll er sich für Geologie interessiert und Mineralien gesammelt haben.

Wegen einer zweijährigen Lehre kehrte Julius nach Bonn zurück. Er soll eine Ausbildung im Bergbau begonnen und geologische Kollegs bei dem Mineralogen und Geologen, Professor Johann Jacob Noeggerath (1788–1877), besucht haben. Kontakt hatte er offenbar auch mit dem Professor für Bergbaukunde, Ernst Heinrich Carl von Dechen (1800–1889), der 1841 nach Bonn gekommen war und als Oberberghauptmann das Oberbergamt in Bonn übernommen hatte. Das Studium von Haas an der Universität endete nicht mit einem Abschluss. Auf Wunsch seines Vaters zog Julius 1841 nach Vierviers in Belgien. Dort wurde er am 11. Mai 1842 Mitglied einer Freimaurerloge. Ab 1844 lebte er in Frankfurt am Main, wo er bis 1852 als Blumen-verkäufer, Textilienhändler, Transportauftragnehmer und zuletzt als Buchhändler arbeitete. In Frankfurt nahm er Gesangs- und Violinenunterricht und lernte Antonia Schmidt kennen, die aus einer musikalischen Familie stammte. Am 26. Oktober 1846 heirateten Julius Haast und Antonia Schmidt. Aus ihrer Ehe ging am 10. Januar 1848 der Sohn Robert hervor.

Ab 1852 soll sich Haast als Hausierer betätigt haben, der von Haus-zu-Haus seine Waren verkaufte. Damals reiste er in Holland, Belgien, Frankreich, Schweiz, Österreich, Italien und Russland umher. Während eines Aufenthaltes in England könnte er an der Übersetzung des Buches „New Zealand or Zealandia, the Britain Of the South" (1857) von Charles Hursthouse (1812–1876) beteiligt gewesen sein, das von der Londoner Reederei „Willis Gann & Co" herausgegeben wurde. Hurst-house war ein früher Siedler in der Region von New Plymouth auf der Nordinsel von Neuseeland und ein begeisterter Verfechter für die Auswanderung nach Neuseeland, seit dieses 1840 von Großbritannien

Österreichischer Geologe und Naturforscher
Ferdinand von Hoch-stetter (1829–1884)

annektiert worden war. Er lobte die Fruchtbarkeit der Landschaft und bezeichnete Neuseeland als „Großbritannien des Südens".
1858 erhielt Julius Haast von der Reederei „Willis Gann & Co" den Auftrag, nach Neuseeland zu reisen und einen Bericht über die Eignung der britischen Kolonie für deutsche Einwanderer zu verfassen. Am 21. Dezember 1858 traf Haast ohne Ehefrau und Kind im Hafen von Auckland auf der Nordinsel von Neuseeland ein. Seine Frau starb am 14. Oktober 1859 und sein Sohn wurde von deren Eltern aufgenommen. In Neuseeland begegnete Haast bereits kurz nach seiner Ankunft dem österreichischen Geologen und Naturforscher Ferdinand von Hochstetter (1829–1884). Ihn begleitete Haast auf geologischen Exkursionen zum Drury-Kohlenfeld, Aucklandfeld, zu Goldfeldern der Coromandel Peninsula, Kupferfeldern der Great-Barrier-Insel, nach Kawau und in die Gegend von Nelson. Diese Zusammenarbeit dauerte bis zur Abreise von Hochstetter im Oktober 1859.
Obwohl sein Bericht an die Reederei „Willis Grann & Co." über Neuseeland nicht positiv ausfiel, blieb Julius Haas dort. In seinem Bericht über Neuseeland beklagte er die schwache finanzielle Ausstattung der Kolonie und Probleme mit den Maori, die nach seiner Auffassung gegen eine erfolgreiche Einwanderung deutscher Siedler sprachen.
Im Februar 1861 wurde Haast durch die Provinzregierung von Canterbury mit weitergehenden geologischen Untersuchungen auf der Südinsel von Neuseeland beauftragt. Er besaß zwar keine Qualifikation als ausgebildeter Geologe, hatte aber bei seinen Forschungsarbeiten mit Ferdinand von Hochstetter ein umfassendes geologisches Wissen erworben und sich Hochstetter's Arbeitsweisen angeeignet. Dies versetzte Haas in die Lage, nach der Abreise von Hochstetter selbstständig weiterzuarbeiten.
Dank seiner Forschungsergebnisse machte sich Haast schnell einen Namen. Er wurde bald zum ersten anerkannten professionellen Wissenschaftler von Neuseeland. Der österreichische Zoologe, Bergsteiger und Hochschullehrer Robert Lendlmayer von Lendenfeld

*„Canterbury Museum" in Christchurch
auf Neuseeland*

(1858–1913) setzte seine glaziologischen Forschungen in den Southern Alps auf Neuseeland fort.

1821 zog Haast in die neuseeländische Stadt Christchurch. Noch im selben Jahr nahm er in der britischen Kolonie Neuseeland die britische Staatsbürgerschaft an. Damals stellte er eine kleine Museumskollektion zusammen, die in einem Raum des Regierungsgebäudes der Provinzialregierung untergebracht wurde. Auf Initiative von Haas erfolgte am 24. Juli 1862 die Gründung des „Philosophical Institute of Canterbury", dessen erster Präsident er wurde. Dieses Institut unterstützte die Idee zur Museumsgründung.

Im Alter von 41 Jahren heiratete Julius Haast am 25. Juni 1863 zum zweiten Mal. Seine Ehefrau Mary Dobson war die Tochter des Ingenieurs Edward Dobson. Sein Schwiegervater war Gründungsmitglied des „Philosophical Institute of Canterbury", später dessen Präsident und Unterstützer der Idee, ein geologisches Museum in Christchurch zu gründen. Aus der zweiten Ehe von Haast gingen vier Söhne und eine Tochter hervor.

1863 gründete Julius Haast das „Canterbury Museum" in Christchurch. Im Dezember 1867 fasste man erstmals seine geologische und archäologische Sammlung zusammen und präsentierte sie im Gebäude der Provinzialregierung der Öffentlichkeit. Bald setzten sich weitere Unterstützer dafür ein, ein eigenes Museumsgebäude zu errichten. Zu jener Zeit bestand die Sammlung von Haast bereits aus 7.887 Ausstellungsstücken. 1868 wählte man Haast zum Direktor des von ihm initiierten „Canterbury Museum" in Christchurch. Zwei Jahre später begann man mit dem Neubau.

Zusammen mit Henry John Chitty Harper (1804–1893), dem ersten anglikanischen Bischof von Christchurch, gründete Haast 1871 die „Canterbury Collegiate Union", welche die Gründung des „Canterbury College" von 1873 vorantrieb. 1871/1872 erfolgte die erwähnte wissenschaftliche Erstbeschreibung des Haast-Adlers. Haast lehrte Geologie und Paläontologie am „Canterbury College". 1876 ernannte man ihn zum Professor für Geologie. Diese Professur am College

*Haast-Kiwi oder Großer Fleckenkiwi (Apteryx haasti)
auf einer Darstellung von John Gerrad Keulemans (1842–1912)
aus dem Jahre 1876*

behielt er bis zu seinem Tod. Ab 1879 war Haast Mitglied des Senats der „University of New Zealand".

Im In- und Ausland erfuhr Julius Haast zahlreiche Ehrungen und Auszeichnungen. 1862 verlieh ihm die Universität Tübingen den Ehrendoktortitel „Dr. phil h.c.". Im August 1874 wurde er „Knight of Order of the Iron Crown". Kaiser Franz Joseph I. von Österreich (1830–1916) erhob ihn 1875 in den Ritterstand und adelte ihn somit. Von der „Geological Society of London" erhielt er 1884 die „Goldene Medaille". Die britische Königin Viktoria I. (1819–1901) ernannte ihn 1885 wegen seiner Verdienste zum „Knight Commander des Order of St. Michael und St. George" („KCMG"). 1886 konnte sich Haarst über die Auszeichnung mit dem „Officier de l'Instruction Publique, Paris" und den Ehrendoktortitel der „University of Cambridge" freuen. Ab 1864 war er Mitglied der „Deutschen Akademie der Naturforscher Leopoldina" (Halle/Saale), ab 1867 Mitglied der „Linnean Society of London" und der „Royal Society", ab 1871 Korrespondierendes Mitglied der „Senckenbergischen Naturforschenden Gesellschaft" in Frankfurt am Main und ab 1885 Ehrenmitglied der „University of Cambridge".

Ab 1867 stand Haast mit dem Darmstädter Zoologen Johann Jakob Kaup (1803–1873) in Kontakt. Ein lebhafter Briefwechsel führte bald zu freundschaftlichen Beziehungen und einem regen Austausch zwischen dem „Großherzoglichen Museum" in Darmstadt und dem „Canterbury Museum" in Christchurch. Kaup sandte Haast präparierte Säugetiere und Vögel, Haast schickte Kaup einige Moa-Skelette, die noch heute im „Hessischen Landesmuseum" in Darmstadt aufbewahrt werden.

Julius von Haast starb am Morgen des 16. August 1887 im Alter von 65 Jahren an einer Herzerkrankung in Christchurch. Nach ihm sind der Ort Haast an der Westküste der Südinsel von Neuseeland, der Fluss Haast River, der Haast Pass über die Neuseeländischen Alpen, der 3.140 Meter hohe Berg Mount Haast auf der Südinsel von Neuseeland sowie der Haast-Adler, der Haast-Kiwi oder Große Fleckenkiwi *(Apteryx*

Johann Jakob Kaup im Alter von 43 Jahren.
Ölbild des Darmstädter Hofmalers
Josef Hartmann (1812–1885) aus dem Jahre 1866.
Original im Besitz der Familie Bang-Kaup
in Hammelbach/Odenwald

haasti), der rote Bandfisch *Cepola haastii* und der Gänseblümchen-Strauch *Olearia haastii* benannt. 2004 schuf man in Neuseeland den Wissenschaftspreis „Julius von Haast Fellowship Award". Im englischsprachigen Raum ist der Name John Francis Julius von Haast üblich.

Literatur

COX, Barry / DIXON, Douglas / GARDINER, Brian / SAVAGE, R. J. G.: *Emeus crassus*. In: Dinosaurier und andere Tiere der Vorzeit, S. 177, München 1989

COX, Barry / DIXON, Douglas / GARDINER, Brian / SAVAGE, R. J. G.: *Harpagornis moorei*. In: Dinosaurier und andere Tiere der Vorzeit, S. 177, München 1989

HUME, Julian P. / WALTERS, Michael: Extinct Birds, London 2012

FRANZEN, Jens L. / GRUBER, Gabriele: Johann Jakob Kaup (1803–1873) – ein europäischer Naturforscher des 19. Jahrhunderts. Aus: GRUBER, Gabriele / SCHNEIDER, Wolfgang (Herausgeber): Zu Ehren von Johann Jakob Kaup 1803–1873. Kaupia, Darmstädter Beiträge zur Naturgeschichte, 13, S. 3–16, Darmstadt 2004

HAAST, Julius: Notes on *Harpagornis Moorei*, an Extinct Gigantic Bird of Prey, containing Description of Femur, Ungual Phalanges, and Rib. Transactions and Proceedings of the Royal Society of New Zealand, Wellington 1871

LANGER, Wolfhart: Der Bonner Neuseelandforscher Sir Johann Franz Julius von Haast (1822–1887). Bonner Heimat- und Geschichtsverein e. V. (Herausgeber): Bonner Geschichtsblätter 29, S. 273–293, Bonn 1989

LINGENHÖHL, Daniel: Tödliche Klauen. Spektrum der Wissenschaft, Heidelberg, 14. September 2009

PALEOLOGY DATABASE http://www.paleobiodb.org

PROBST, Ernst: Johann Jakob Kaup. Der große Naturforscher aus Darmstadt, München 2011

SCOFIELD, R. Paul / ASHWELL, Ken W. S.: Rapid somatic expansion causes brain to lag behind: the case of the brain and behavoir of New Zeanland's Haast's eagle *(Harpagornis moorei)*. Journal of Vertrebrate Paleontology 29(3), Abingdon 2009

SPIEGEL-ONLINE: Maori-Legende bestätigt. Riesenadler hätte
Menschen angreifen können, 15. September 2009
Wikipedia (Online-Lexikon) Haastadler
http://de.wikipedia.org/wiki/Haastadler

Bildquellen

Ausschnitt eines Gemäldes von John Megahan / CC-BY2.5: 1 (via
Wikimedia Commons), lizensiert unter CreativeCommons-Lizenz
by-2.5-en, http://creativecommons.org/licenses/by/2.5/legalcode
Professor Ken Ashwell, Faculty of Medicine, Department of
Anatomy, School of Medical Sciences, Wallace Wurth Building,
The University of New South Wales, Sydney, NSW, Australia: 4
Reproduktion eines Fotos eines unbekannten Fotografen vor 1887: 6
(via Wikimedia Commons), Lizenz: gemeinfrei (Public domain)
Professor Ken Ashwell, Faculty of Medicine, Department of
Anatomy, School of Medical Sciences, Wallace Wurth Building,
The University of New South Wales, Sydney, NSW, Australia: 8
John Megahan / Zeichnung aus „PLoS Biology" / CC-BY2.5: 10 (via
Wikimedia Commons), lizensiert unter CreativeCommons-Lizenz
by-2.5-en, http://creativecommons.org/licenses/by/2.5/legalcode
Sergio Alexandro / CC-BY2.0: 12 (via Wikimedia Commons),
lizensiert unter CreativeCommons-Lizenz by-2.0,
http://creativecommons.org/licenses/by/2.0/legalcode
Reproduktion eines Fotos aus M. Bunce, M. Szulkin, HRL. Lerner,
I. Barnes, B. Shapiro und andere: Ancient DNA Provides New
Insights into the Evolutionary History of New Zealand's Extinct
Giant Eagle. PLoS Biol 3/1/2005: e9. doi:10.1371/
journal.pbio.0030009, 4. Januar 2005 / CC-BY2.5: 13 (via
Wikimedia Commons), lizensiert unter CreativeCommons-Lizenz
by-2.5-en, http://creativecommons.org/licenses/by/2.5/legalcode
Reprodukton einer Zeichnung aus James Hector (1834–1907): On

Teile des Vogelskeletts

1 Schädel (Cranium)
2 Halswirbel
3 Gabelbein (Furcula)
4 Rabenbein (Coracoid)
5 Rippe
6 Brustbeinkamm (Carina sterni)
7 Kniescheibe (Patella)
8 Tarsometatarsus
9 erste Zehe
10 Tibiotarsus
11 Wadenbein (Fibula)
12 Oberschenkelknochen
13 Schambein
14 Sitzbein
15 Darmbein
16 Schwanzwirbel
17 Pygostyl
18 Synsacrum
19 Schulterblatt
20 Notarium
21 Oberarmknochen (Humerus)
22 Elle (Ulna)
23 Speiche
24 Carpometacarpus
25 Digitus minor
26 Digitus major
27 Daumen oder Alula (Digitus alulae)

Quelle: Wikipedia

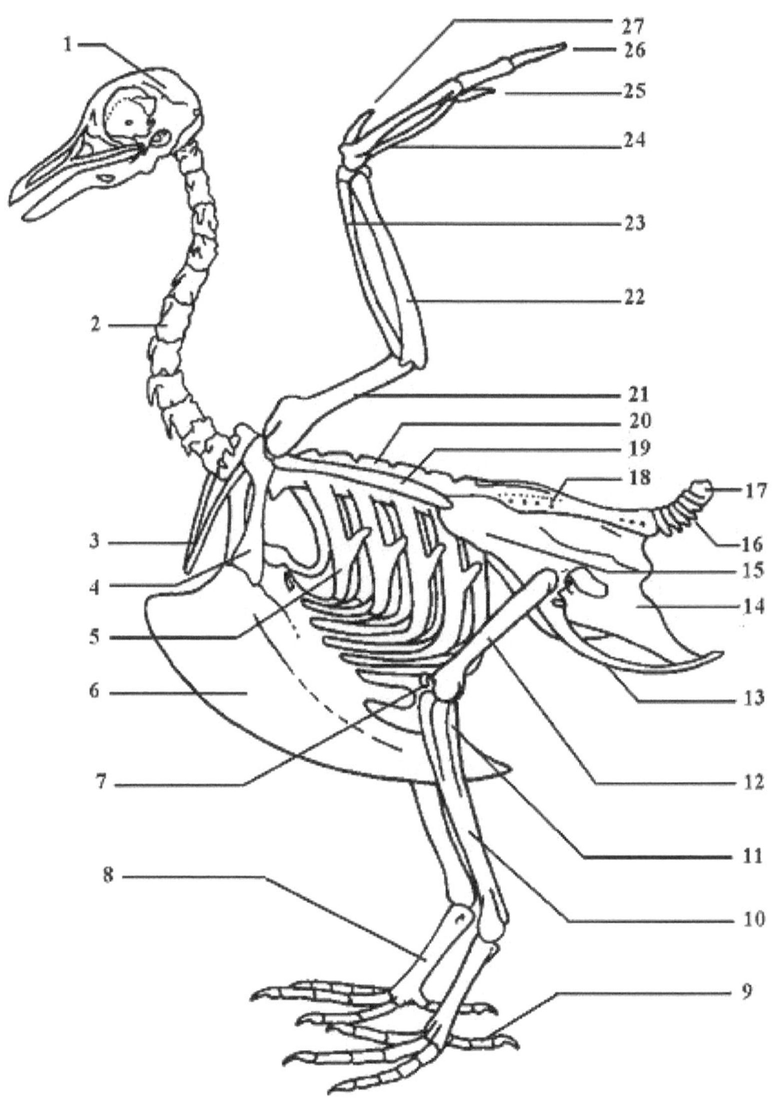

1
2
3
4
5
6
7
8
9
10
11
12
13
14
15
16
17
18
19
20
21
22
23
24
25
26
27

Autor Ernst Probst

Der Autor

Ernst Probst, geboren am 20. Januar 1946 in Neunburg vorm Wald im bayerischen Regierungsbezirk Oberpfalz, ist Journalist und Wissenschaftsautor. Er arbeitete von 1968 bis 1971 als Redakteur bei den „Nürnberger Nachrichten", von 1971 bis 1973 in der Zentralredaktion des „Ring Nordbayerischer Tageszeitungen" in Bayreuth und von 1973 bis 2001 bei der „Allgemeinen Zeitung", Mainz. In seiner Freizeit schrieb er Artikel für die „Frankfurter Allgemeine Zeitung", „Süddeutsche Zeitung", „Die Welt", „Frankfurter Rundschau", „Neue Zürcher Zeitung", „Tages-Anzeiger", Zürich, „Salzburger Nachrichten", „Die Zeit", „Rheinischer Merkur", „Deutsches Allgemeines Sonntagsblatt", „bild der wissenschaft", „kosmos", „Deutsche Presse-Agentur" (dpa), „Associated Press" (AP) und den „Deutschen Forschungsdienst" (df). Aus seiner Feder stammen die Bücher „Deutschland in der Urzeit" (1986), „Deutschland in der Steinzeit" (1991), „Rekorde der Urzeit" (1992), „Dinosaurier in Deutschland" (1993 zusammen mit Raymund Windolf) und „Deutschland in der Bronzezeit" (1996). Von 2001 bis 2006 betätigte sich Ernst Probst als Buchverleger sowie zeitweise als internationaler Fossilienhändler und Antiquitätenhändler. Insgesamt veröffentlichte er mehr als 300 Bücher, Taschenbücher, Broschüren und über 300 E-Books.

Lebensbild des Laufvogels Gastornis (früher Diatryma genannt) von Monika Betley bei „Wikipedia"

Bücher von Ernst Probst

Aepyornis. Der Vogel, der die größten Eier legte
Archaeopteryx. Die Urvögel aus Bayern
Argentavis. Der größte fliegende Vogel
Brontornis. Riesenvögel in Argentinien
Dinornis. Der größte Vogel aller Zeiten
Dromornis. Der schwerste Vogel aller Zeiten
Gastornis. Der verkannte Terrorvogel
Harpagornis. Der größte Greifvogel der Neuzeit
Hesperornis. Der große Vogel des Westens
Pelagornis. Der größte Meeresvogel
Phorusrhacos. Der riesige Terrorvogel
Rekorde der Urzeit. Landschaften, Pflanzen und Tiere
Rekorde der Urmenschen. Erfindungen, Kunst
und Religion
Tiere der Urwelt. Leben und Werk
des Berliner Malers Heinrich Harder
Dinosaurier von A bis K. Von Abelisaurus
bis zu Kritosaurus
Dinosaurier von L bis Z. Von Labocania
bis zu Zupaysaurus
Dinosaurier in Deutschland
Dinosaurier in Baden-Württemberg
Dinosaurier in Bayern
Dinosaurier in Niedersachsen
Raub-Dinosaurier von A bis Z
Der Ur-Rhein. Rheinhessen vor zehn Millionen Jahren
Als Mainz noch nicht am Rhein lag
Der Rhein-Elefant. Das Schreckenstier von Eppelsheim
Krallentiere am Ur-Rhein

Menschenaffen am Ur-Rhein
Säbelzahntiger am Ur-Rhein
Johann Jakob Kaup. Der große Naturforscher
aus Darmstadt
Säbelzahnkatzen. Von Machairodus bis zu Smilodon
Die Säbelzahnkatze Machairodus
Die Säbelzahnkatze Homotherium
Die Dolchzahnkatze Megantereon
Die Dolchzahnkatze Smilodon
Deutschland im Eiszeitalter
Der Mosbacher Löwe
Höhlenlöwen. Raubkatzen im Eiszeitalter
Der Höhlenlöwe
Eiszeitliche Raubkatzen in Deutschland
Eiszeitliche Geparde in Deutschland
Eiszeitliche Leoparden in Deutschland
Löwenfunde in Deutschland, Österreich
und der Schweiz
Der Höhlenbär
Das Mammut
Monstern auf der Spur. Wie die Sagen über Drachen, Riesen und
Einhörner entstanden
Affenmenschen. Von Bigfoot bis zum Yeti
Nessie. Das Monsterbuch
Seeungeheuer. 100 Monster von A bis Z
Tiere der Urwelt. Leben und Werk des Berliner Malers
Heinrich Harder

Bestellungen bei: www.grin.com